室内全案设计资料集

室内软装设计

1000例

李江军 编

中国电力出版社
CHINA ELECTRIC POWER PRESS

内 容 提 要

本系列包含室内全案设计中的三大重要部分，即软装设计、空间设计、全屋定制设计。书中以图文并茂的形式，每个分册精选 1000 例优秀设计案例进行直观分析，易于参考借鉴。本系列图书适合于室内设计师、软装设计师及相关专业读者学习使用。

图书在版编目（CIP）数据

室内全案设计资料集．室内软装设计 1000 例 / 李江军编．— 北京：中国电力出版社，2020.1
ISBN 978-7-5198-3805-8

Ⅰ．①室… Ⅱ．①李… Ⅲ．①室内装饰设计－图集 Ⅳ．① TU238.2-64

中国版本图书馆 CIP 数据核字（2019）第 224235 号

出版发行：中国电力出版社
地　　址：北京市东城区北京站西街 19 号（邮政编码 100005）
网　　址：http://www.cepp.sgcc.com.cn
责任编辑：曹　巍（010-63412609）
责任校对：黄　蓓　闫秀英
版式设计：锋尚设计
责任印制：杨晓东

印　　刷：北京盛通印刷股份有限公司
版　　次：2020 年 1 月第一版
印　　次：2020 年 1 月北京第一次印刷
开　　本：889 毫米 ×1194 毫米　16 开本
印　　张：12.25
字　　数：433 千字
定　　价：68.00 元

室内设计是一门综合性学科，同时也是建筑科学的延伸。由于房屋装修是非常复杂、烦琐的工作，而且专业性很强，因此在施工前应进行详尽规划。同时还应熟悉装饰材料的质地、性能特点，了解材料的价格和施工操作工艺要求，为设计构思打下坚实的基础。此外，软装搭配在室内设计中是十分关键的环节，因此，规划时在保证软装设计的安全性与美观性的同时，还应充分考虑居住者的喜好和生活习惯。

本系列分为《室内空间设计 1000 例》《全屋定制设计 1000 例》《室内软装设计 1000 例》三册。对于家居空间的设计，既有功能和技术方面的要求，也有造型和美观上的要求。室内空间尽管分工不同、各具功能特征，但在设计时，应在整体装饰风格统一下来后再进行设计，这是室内界面设计中的基本原则。若在各功能空间使用不同的装饰风格，容易显得不伦不类，让人无所适从。此外，在设计时应对空间的实际情况及使用需求做充分了解，以便进行最合理的设计。如客厅空间的设计，要求富于生活情趣及营造亲切的氛围；而卧室空间的设计，则要求安静、柔和，以满足休息及睡眠时的环境要求。

全屋定制是集室内设计及定制、安装等服务为一体的室内设计形式。全屋定制在设计过程中讲究与消费者的深度沟通，并以整体设计为核心，将风格、家具、装饰元素等进行整合规范，形成一套完整的室内设计流程体系。如今室内装饰风格日趋多样化，从繁杂到简约、从简约到个性化。全屋定制概念的提出，不仅大大地简化了整个装修的流程，而且一体化的设计，让人们在享受到整体性优势的同时也节约了大量的时间。

软装在室内的应用面积比较大，如墙面、地面、顶面等都是室内陈设的背景。这些大面积的软装配饰如果在整体上保持统一，能对室内环境产生很大的影响。有些空间硬装效果一般，但布置完软装配饰后让人眼前一亮。因此只要把握好室内软装饰品的搭配和风格的统一，就能为室内空间带来意想不到的装饰效果。

本书不仅对室内设计中的各个方面进行了深度剖析，而且海量的精品案例可直接作为设计师日常做方案设计的借鉴。此外，书中内容通俗易懂，摒弃传统室内设计书籍中枯燥的理论，以图文结合的形式，将室内装饰知识生动活泼地展现在读者面前。因此，本系列丛书不仅是室内设计工作者的案头书，同时对于业主在选择装修方案时，也同样具有重要的参考和借鉴价值。

目录

1 家具搭配设计

2 灯饰搭配设计

3 布艺搭配设计

4 花艺搭配设计

5 摆件搭配设计

6 壁饰搭配设计

家具搭配设计

1

家具风格是通过家具的色彩、造型、质感等反映出来的特征。不同风格的室内空间应选择相应风格的家具，或典雅古朴，或端庄大方，或奇特新颖，都能为室内空间带来别具一格的装饰效果。随着新材料、新工艺的不断涌现，家具的风格与款式也在不断地创新和进步，为室内设计师提供了更多的创作思路。

北欧风格 家具

• 北欧风格家具特点

北欧风格家具以低矮简约造型为主，在装饰设计上一般不使用雕花、人工纹饰，呈现出简洁、实用及贴近自然等特征。此外，还会将各种实用的功能融入到简单的造型之中，从人体工程学角度进行考量与设计，强调家具与人体接触的曲线准确吻合，因此，不仅使用起来舒服惬意，而且还展现出北欧风格淡雅、纯粹的韵味与美感。

精成空间设计

精成空间设计

Denis Krasikov 设计
DE 设计
DE 设计
百仕合设计
Emil Dervish 设计

境象设计

木桃盒子设计

• 北欧家具类型划分

北欧家具于传统文化中流露着简洁、务实的设计理念，并且呈现出质朴、理性的气质。从家具的形式上可以将北欧家具分为纯北欧家具、改良后的新北欧家具及充满时代感的现代北欧家具。而在家具的设计风格上，则可以分为瑞典设计、挪威设计、芬兰设计、丹麦设计等，每种设计风格都有着独特的优势。

DE 设计

新澄设计
清羽设计

THIS
KITCHEN
IS FOR
DANCING
陌上设计
HEY设计
清羽设计
文青设计
清羽设计
文青设计

• 原木家具的运用

在北欧风格的家居空间融入质朴的原木家具，不仅展现出了人和环境的和谐关系，而且还能让家居空间瞬间活泼起来，原木家具可分为纯原木家具和现代原木家具两类，纯原木家具的制作一般不会采用类似钉子之类的现代材质作为配件，最大限度地表现了最原始和最简朴的木材状态。

• 利用家具分隔室内空间

北欧风格的家居空间结构一般较为简单，而且为了能够让光线顺利传播，不会设置太多的实体墙，而是利用软装作为功能区之间的隔断，如利用家具作为室内空间的隔断，不仅可以让空间的整体格局变得简单清晰，而且能在很大程度上提升空间的利用率。具备隔断功能的家具有很多，如衣柜、置物柜、沙发及书柜等。

壹方设计

法式风格

家具

• 洛可可式家具的特征

法式洛可可风格的家具带有女性般的柔美，并且注重体现曲线美，最明显的特点就是以芭蕾舞动作为原型设计的椅子腿，可以感受到那种融于家具中的韵律。其靠背、扶手、椅腿常采用细致、典雅的雕花，椅背的顶梁有玲珑起伏的精巧涡卷纹，椅腿则采用弧弯式并配有兽爪抓球式椅脚，处处展现着与众不同的气质。

王亚旭设计

纳沃佩思设计

榀格设计

榀格设计

印象空间

品川设计

香榭御澄

张一舟设计

李金设计

• 古典法式家具搭配

古典法式风格的家具常会设计多变的曲面，而且会采用花样繁多的装饰，如做大面积的雕刻或者是金箔贴面、描金涂漆处理，其装饰细节往往会覆盖整个家具。此外，在坐卧类家具上常常会使用面料包覆，并以华丽的锦缎织成，以增加使用舒适度。

张一舟设计

青云居设计

尚层装饰

青云居设计

榀格设计

张一舟设计

悟相设计

张一舟设计

屈金波设计

• 四柱床的摆设方案

四柱床是法式风格卧室中常见的搭配，为卧室空间营造出了宫廷般的贵族气息。由于四柱床的体积比一般的床具大，且常摆放在卧室的正中位置，因此需要有足够的空间才能展现出四柱床的独特气质。若卧室面积过小，或层高局限性大，则不适合使用四柱床，以免让卧室空间显得太过拥挤。

屈金波设计

榀格设计

纳沃佩思设计

印象空间

品川设计

品川设计

品川设计

简约风格

• 简约风格家具搭配

简约风格在家具的选择上延续了室内空间简单的线条，因此沙发、床、桌子等家具不会设计太多的曲线，一般都以直线为主，横平竖直的家具不仅不会占用过多的空间，而且可以令整个家居环境看起来更加干净、利落，并富含简约的设计美感。由于简约风格的家具装饰元素较少，所以需要其他软装配饰一起配合才能更显美感，例如，沙发需要抱枕、餐桌需要桌布、床需要窗帘和床品衬托。简约风格的家具与室内整体环境的协调非常重要，总体特征虽造型简单但不失优雅。

2id 设计

辰佑设计

PISD设计

何雨晴设计

李娜设计

天汇设计

• 简约风格家具的材质和色彩

简约风格的家具在材质方面往往会大量使用钢化玻璃、不锈钢等新型材料作为辅料，呈现出浓厚的现代时尚感。在家具色彩搭配方面宜精不宜多，宜简不宜繁，常常选择黑白或银色，很少有装饰图案，显得简单又大方。而且简单的光泽可以使家具更具时尚感，再搭配简单的造型设计、考究的细节处理，打造出简约而美观的家居空间。

东形西见设计

木尚空间设计

魅无界设计
会筑空间设计
双宝设计
第三小镇设计
创时空设计

- 木质餐桌椅的运用

在简约风格的餐厅装修中，搭配木质的餐桌椅，能给人一种赏心悦目的真实感。木质以其温暖的触感及纯粹的视觉感受，使用餐环境显得更为温馨舒适。原木的运用为餐厅空间带来了自然的装饰效果。如能适当地点缀绿色植物，还能将用餐环境营造得更富有生命力。

中熙设计

伊派设计

杜文彪设计

沃屋设计

之间设计

陌上设计

目心设计

深活生活设计

- 多功能家具的运用

多功能家具在传统家具的基础功能上，充分地挖掘了家具的潜能，从而实现一物两用或多用的效果。在简约风格的家居中，可以选择搭配两用沙发床、具有收纳功能的茶几等，这些家具为生活提供了便利，在使居住空间得到释放的同时，也可以让生活变得简单惬意。

象物建筑空间

陌上设计

元禾大千

轻奢风格

家具

4

- **金属家具凸显轻奢品质**

整体为金属或带有金属元素的家具，不仅能营造精致华丽的视觉效果，而且其富有设计感的造型，能让轻奢风格的室内空间更有品质感。同时金属家具简洁的线条与空间的融合度较高，完美地诠释了简约与奢华并存的轻奢理念。近年来，大理石在家具设计中的运用也越来越常见，天然大理石和金属的碰撞，让轻奢空间更显立体感和都市感。

极美设计

昊泽空间设计

魅无界

库玛设计

昊泽空间设计

方界设计

印象空间

• 异形家具的运用

随着室内设计行业的不断发展，轻奢风格家具的设计也呈现出日新月异的趋势。在轻奢风格的空间中适当使用异形家具，能为家居空间带来意想不到的惊喜。这种造型独特、突破常规的家具设计，可以带来全新的感受和生活体验，将个性创意元素与实用主义融入到空间中，不仅能把轻奢风格的空间装点得更具气质，而且还让家居装饰成为一种艺术。在搭配异形家具时，应控制好陈设数量，一般选择一两件作为轻奢空间的装饰焦点即可。

多角度空间设计

创时空设计

杜文彪设计

力设计

魅无界设计
菲拉设计
清羽设计
集艾设计
印尚设计
观复营造

• 烤漆家具的特点及运用

烤漆家具色泽鲜艳、贵气十足，并且具有很强的视觉冲击力，似乎专为轻奢风格而生。简洁干练的家具线条，搭配烤漆特有的温润光泽，能够很好地打造出奢华而又不浮躁的空间气质。还可以为烤漆家具融入镜面、金属、描金等材料和工艺，使其更加时尚耐看、光彩夺目。烤漆板的基材一般为中密度板，其表面经过打磨、上底漆、烘干、抛光，因此还具有防潮、防水、抗污能力强及稳定性好、耐磨性高等多种优点。

H DESIGN 设计

益善堂设计

开戊设计

宜兰设计

平仄设计

奥迅设计

乐尚设计
向舍一屋
H.DESIGN 设计
中合深美
双宝新作
双宝设计

新中式风格

• 新中式风格家具的特点

中式风格一般会选择搭配明清时期风格的家具，而新中式风格则可以搭配线条简练的明式家具。在材料上，除了木质外，还常辅以玻璃、不锈钢等现代材料，因此总体上更贴近现代人日常生活的需求，同时也具有时尚典雅的视觉美感。此外，新中式风格的客厅空间以柔软的沙发代替了以床榻为中心的传统尊位，加上木地板或瓷砖的铺设，让整个家居空间变得更为轻松闲适。

创时空设计

创域设计

乐尚设计

• 新中式家具混搭方案

在新中式风格的客厅中，可以选择现代风格的沙发，并搭配具有中式韵味的靠背作为点缀，可以完美地表达出新中式风格家居的主题。现代风格的沙发实用性非常强，坐感也比较舒适，改变了传统中式座椅的硬朗与厚重。还可以将沙发上的色彩与客厅中使用的色彩形成呼应，达到加强空间的整体感的效果。

昊泽设计
伊派设计
C.H.Y. 室内设计

尺度设计
杜文彪设计
平仄设计
矩阵纵横
恩万设计
伊派设计

上上国际

• 实木家具的运用

实木家具不仅能让新中式风格的空间散发典雅而清新的魅力，而且以其细致精巧的做工，加上岁月流逝的感觉，让传统的古典韵味在新中式风格的空间中得以传承。传统意义上的中式家具一般以硬木材质为主，如海南黄花梨、紫檀、非洲酸枝、沉香木等珍稀名贵木材。而在新中式风格中，还可以运用现代材质及工艺去演绎中国家具文化中的精髓，使其不仅拥有典雅、端庄的中式气息，还具有明显的现代时尚感。

大集空间设计

壹挚设计

创时空设计

TRD 设计
卢志荣设计
方黄设计
创时空设计
卢志荣设计

• 鼓凳的类型及运用

鼓凳是中国传统家具之一，一般家里的家具都是方形，就会感觉缺少变化。有一个圆形的家具，就会给居室增添变化，视觉非常舒服。鼓凳一般分为木质鼓凳与陶瓷鼓凳，木质鼓凳通常颜色较深，常用于中式风格、东南亚风格居室；陶瓷鼓凳相对应用频率更高，绘有花鸟图案的陶瓷鼓凳不仅是新中式风格客厅中的点睛之笔，也常用于现代美式风格的居室中。

灯饰
搭配设计

2

灯饰是家居空间装饰的点睛之笔，对于家居装饰来说，灯饰的搭配有着至关重要的作用。随着现代照明技术及灯具市场的不断发展，人们在装修时对于灯饰搭配的要求也越来越高，而且现代家居的装饰风格越来越多样化，不同的装饰风格对于灯饰搭配的要求也不一样。由于灯饰照明是整个家居空间装饰的有机组成，因此其样式、材质和光照度都要和室内的功能和装饰风格相统一。如根据家居的装饰风格搭配灯饰，不仅能突出家居风格的特点，而且能为家居装饰带来锦上添花的效果。

北欧风格 灯饰

- **北欧风格灯饰类型**

完美的灯饰搭配能在很大程度上提升北欧风格的家居品质。北欧风格的空间除了喜用大窗增加采光外，还会在室内照明的规划上，通过吊灯、台灯、落地灯、壁灯、轨道灯等灯饰的混合搭配，让居住空间产生暖意和明亮的感觉。用于设计北欧风格灯饰的材质十分丰富，常见的有纸质、金属、塑料、木质及玻璃等。灯饰在造型上虽然不会过于夸张，但却能成为家居空间中的视觉焦点。

拉菲设计

花漾设计

钟莉设计

在地设计

- 北欧风格灯饰搭配

北欧风格清新而强调材质原味，适合造型简单且具有混搭味的灯饰，例如色彩白、灰、黑的原木材质灯具。北欧风格和工业风格的灯饰有时候会有交叉之处，看似没有复杂的造型，但在工艺上是经过反复推敲过的，使用起来非常轻便和实用。此外，可以搭配有点年代感的经典设计灯饰，更能提升质感，选择灯饰时应考虑搭配整体空间使用的材质及使用者的需求。一般而言，较浅色的北欧风空间中，如果出现玻璃及铁艺材质，就可以考虑挑选有类似质感的灯具。

马非空间设计

青云居设计

叙研设计

喜屋设计

钟莉设计

其间设计

- 北欧风格餐厅灯饰设计

在餐桌上方选择搭配极富设计创意的吊灯，不仅能够提供艺术性装饰，而且也满足了餐厅空间的照明需求。在灯具的颜色上，可以选择搭配黄色，不仅能起到增进食欲的效果，而且还可以作为点缀色点亮空间。除此之外，还可以在餐桌上选择绿植作为装饰，让其与灯饰形成呼应，从而起到加强餐厅色彩互动的作用。

文青设计

辰佑设计

壹方设计
寓子设计
寓子设计
知域设计

双宝设计

谧空间设计

Andrey Barinov 设计

之间设计

• 落地灯的运用

落地灯的照射范围不讲究全面性，而且强调移动的便利性，因此常作为北欧家居的局部照明。落地灯一般布置在客厅或者休息区域里，并与沙发、茶几配合使用，以满足房间局部照明和点缀装饰家庭环境的需求，合理的摆设不仅能起到很好的照明作用，还能为北欧风格的家居空间营造出温馨的气氛。需要注意的是，落地灯不能置放在高大家具旁或需要经常走动的区域内。

辰佑设计

法式风格 灯饰 2

• 烛台吊灯的应用

烛台吊灯的灵感来自欧洲古典的烛台照明方式，那时都是在悬挂的铁艺上放置数根蜡烛，如今很多吊灯设计成这种款式，只不过将蜡烛灯改成了灯泡，但灯泡和灯座还是蜡烛和烛台的样式，这类吊灯应用在法式风格的空间中，更能凸显庄重和奢华感。

玉窝空间设计

美誉设计

中合深美

集叁设计

王蔷空间设计

SKH 设计

牧笛设计

李华兴设计

• 水晶吊灯的运用

在法式风格的家居空间中，常搭配水晶吊灯，以营造典雅、高贵的家居氛围。水晶吊灯起源于 17 世纪中叶的欧洲，当时欧洲人对华丽璀璨的物品及装饰尤其向往，水晶灯饰便应运而生，并大受欢迎。法式风格的水晶吊灯灯架以铜质居多，而且表面常会加以镀金修饰，突出其雍容华贵的气质。

尚层装饰设计

青云居设计

矩阵纵横

香榭御澄

香榭御澄

• 可调光台灯的运用

法式可调光台灯的显著特点是全部用透明的或者染色的聚碳酸酯制造而成，给人以古典、华丽的感觉，同时不失创新与个性的时尚元素。透明的灯罩经过特殊设计，可以产生千变万化的光影效果，而且灯罩的特殊接合设计能根据需要调整不同的亮度。

梠格设计

纳沃佩思设计

纳沃佩思设计

- 枝形吊灯的运用

枝形吊灯是一种吊于天花板上的装饰灯具，通常有两个或两个以上支持光源的灯臂。枝形吊灯通常华丽，大多用金属铸造，也有采用雕刻和镀金的木头，由几十个灯和复杂的玻璃或水晶阵列，通过折射光来照亮房间。最早的枝形吊灯运用始于中世纪的贵族家居装饰，是奢华尊贵的象征，因此非常适合在法式风格的家居中搭配使用。

简约风格

• 简约风格灯饰搭配重点

简约风格在选择灯饰时，要求造型柔美雅致，并能有条不紊、有节奏的与室内的线条融为一体，这样不仅能满足基本的照明需求，而且还能达到美化环境的效果。在材质的选择上，多以现代感十足的金属材质为主，外观及线条简明硬朗，在色彩上以白色、黑色、金属色居多。此外，各种绿植、花朵及波状的形体图案等元素都可以运用到简约风格的灯饰设计中，打造出富有自然美感的简约灯饰，并且在装饰效果上也可以带来更好的表现。

乐尚设计

布鲁盟设计

中熙设计
中熙设计
上上国际
Alex Yagodin 设计
中熙设计
久度设计

• 简约风格厨房照明设计

由于厨房烹饪时常会用到刀具或其他利器，因此在设计功能照明时应以安全为原则。简约风格的厨房主照明可以选择使用吸顶灯，操作区的灯光设计则以高亮度为准，还可以搭配小面板灯对其进行补光，多方位的照明更为安全。

毕路德设计

中熙设计

原晨设计

Z轴空间设计

李娅设计

自心设计

鸿文空间设计

- **射灯的运用**

在简约风格的室内空间使用射灯，不仅可以改善空间采光，而且可以突出室内的整体装饰效果，光线直接照射在需要强调的装饰品及画作上，可以提升简约空间装饰区域的艺术气质。由于射灯可自由地变换角度，因此组合出的照明效果也千变万化，既可对整体照明起到主导作用，又可以用于局部采光，烘托家居气氛。

Alena Pautova 设计

[illegible]无界设计

沃屋设计

壹舍设计

• 吸顶灯的运用

吸顶灯适用于层高较低的简约风格空间或兼有会客功能的多功能房间。由于吸顶灯底部完全贴在顶面上，特别节省空间，也不会像吊灯那样显得累赘。与其他灯具一样，制作吸顶灯的材料很多，有塑料、玻璃、金属、陶瓷等。对于简约风格空间来说，吸顶灯首选亚力克材质，具有透明性好、化学稳定性强及耐磨性好的优点。

宁洁设计

尚辰设计

意巢设计

• 灯带的设计方案

在简约风格家居中，可以借助环境光源的辅助增强石膏板吊顶在家居顶面的装饰效果。如在设置了主照明的基础上，还可以在吊顶的内侧设灯带，让光线从侧面射向墙顶和地面，这样可以丰富整个区域空间的光照形式。更重要的是，可以配合吊顶形成视觉上的错觉，在无形中增加了空间的视觉高度。

意巢设计

会筑空间设计

春秋出品

黄全设计

黄全设计

纳沃设计

轻奢风格

• 轻奢风格灯饰搭配重点

灯饰作为轻奢风格家居的重要组成部分，一方面能够满足最基本的照明需求，另一方面也可通过灯饰的色彩营造出相应的空间氛围。不同外形的灯饰，还能为家居环境带来别样精致的装饰效果。一盏个性的灯饰，往往就能够塑造空间的视觉中心。轻奢风格的灯饰，在线条上一般以简洁大方为主，切忌花哨，否则容易打乱整个空间的平静感。在灯光的色彩上，可以搭配柔和、偏暖色系的颜色，为轻奢风格的家居空间营造出温馨的气息。

朴悦设计

元禾大干

零次方设计

香榭蒂设计

HHD 空间设计

乐尚设计

沃屋设计

• 水晶灯饰的搭配

晶莹剔透的水晶灯饰具有绚丽高贵、梦幻的气质，在轻奢风格的空间中，如果客厅或餐厅的面积较大，可以考虑选择水晶灯饰作为空间的主照明。最开始的水晶灯饰是由金属支架、蜡烛、天然水晶或石英坠饰共同构成，后来由于天然水晶的成本太高逐渐被人造水晶代替。为达到水晶折射的最佳效果，最好采用不带颜色的透明白炽灯作为水晶灯的光源。

库玛设计

迦曼嘉设计

• 全铜灯的类型及搭配

如果是整体风格较为华丽的轻奢家居，不妨考虑搭配全铜灯具。全铜灯基本上以金色为主色调，透露着高贵典雅，是一种非常具有贵族气质的灯饰。全铜灯在材质上主要以黄铜为原材料，并按比例混合一定量的其他合金元素，使铜材的耐腐蚀性、强度、硬度和切削性得到提高。优质的全铜灯色彩均匀牢固，由于增加了覆膜工艺，基本上不会发生褪色和掉块的现象。相比于欧式铜灯，轻奢风格空间中的铜灯线条更为简洁，常见的类型有台灯、壁灯、吊灯及落地灯等。

创时空设计

SKH设计

奥迅设计

昊泽空间设计

集美设计

易和极尚设计

御融设计

印象空间

元禾大千

• 艺术吊灯的运用

别致的灯饰是轻奢美学与建筑美学完美结合的产物。在轻奢风格的室内空间中，灯饰除了用于满足照明需求外，还具有无可替代的装饰作用。艺术吊灯可以为轻奢风格空间增添几分个性气息，并且以其缤纷多姿的光影，提升轻奢风格空间的品质感。艺术吊灯的材质以金属居多，金属的可延展性为富有艺术感的灯饰造型带来了更多的可能性，并且以其精练的质感，将轻奢风格简约精致的空间品质展现得淋漓尽致。

意巢设计

集艾设计

元禾大千

诗享家设计

梁志天设计

新中式风格

• 新中式风格灯饰搭配重点

相对于传统的中式风格来说，新中式风格的灯饰线条简洁大方，而且在造型上更加现代。新中式风格的灯饰往往会在装饰细节上注入传统的中式元素，为新中式风格空间带来了古典的美感。例如，形如灯笼的落地灯、带花格灯罩的壁灯、陶瓷灯等，都是打造新中式风格古典美感的理想灯饰。此外，新中式灯饰的搭配风格也可多变，既可以搭配中式家具，也可以适当搭配书卷气较浓的现代风，但是需要注意在其他饰品上加以呼应。

徐树仁设计

柏舍励创

戴昆设计

柏舍设计
集美设计
S.U.N设计
恩方设计

• 鸟笼灯的运用

铁艺制作的鸟笼造型灯饰有台灯、吊灯、落地灯等形式，是新中式风格中十分经典的元素，可以给整个空间增添鸟语花香的氛围。如果搭配鸟笼造型的吊灯，需要注意层高是否能够满足要求。鸟笼吊灯适合运用在较大的空间中，如大型餐厅、客厅等空间，以大小不一、高低错落的悬挂方式作为顶部的装饰和照明。较矮的室内空间则不适合悬挂，以免显得更加压抑。

华筑壹品设计

李益中设计

唐晓年设计

曹建元设计

印象空间

宁洁设计

博思韦珥设计

六艺源设计

• 布艺灯的运用

布艺灯是富有中国传统特色的灯饰。传统布艺灯由麻纱或葛麻织物作灯面制作而成，多为圆形或椭圆形。其中红纱灯也称红庆灯，通体大红色，在灯的上部和下部分别贴有金色的云纹装饰，底部配金色的穗边和流苏，美观大方，喜庆吉祥，多在节日期间悬挂。经过历代灯彩艺人的继承和发展，新中式风格中所运用的布艺灯，在材质的选择上更加广泛，如绢丝、蚕丝、麻纱、刺绣等，不仅材质更加丰富，而且其工艺水平也越来越高。

• 金属灯的运用

金属是室内灯饰设计的主流材质之一，常见的新中式风格金属灯饰有铁艺灯、铜艺灯等。在中国古代，金属作为稀有资源，是身份与地位的象征。从华丽的宫殿装饰到金属工艺作品，都是中国历史文化的组成部分。中国传统讲究平和中正的观念，因此，中式风格的金属灯饰往往也会延续两两对称、四平八稳的设计，再搭配金属材质的质感，展示出中式风格沉稳厚实的精神气质。

DY鼎弈设计

杜文彪设计

深点设计

派尚设计

杜文彪设计

TRD 设计

方黄设计

伊派设计

• 陶瓷灯的运用

陶瓷灯是采用陶瓷材质制作成的灯饰。最早的陶瓷灯是指宫廷里面用于蜡烛灯火的罩子，近代发展成落空瓷器底座。陶瓷灯的灯罩上面往往绘以美丽的花纹图案，装饰性极强。因为其他款式的灯饰做工比较复杂，不能使用陶瓷，所以常见的陶瓷灯以台灯居多。新中式风格陶瓷灯的灯座上常带有手绘的花鸟图案，装饰性强并且寓意吉祥，如同艺术品般增添空间的气质。

伊派设计

杨明山设计

一然设计

布艺搭配设计

3

布艺是室内环境中除家具外面积最大的软装配饰之一，在营造和美化居住环境上起着重要的作用。丰富多彩的布艺装饰为室内营造出或清新自然，或典雅华丽，或高调浪漫的格调。在家居空间中，窗帘、床品、地毯、抱枕、桌布与桌旗等都是布艺装饰的范畴，通过各式布艺的搭配可以有效地呈现空间的整体感。居住者可根据自己的爱好、房间的采光条件及室内空间的整体装饰风格选择布艺，并且在设计时，要求取得平衡与稳定感，以达到锦上添花的效果，进而营造出温馨的室内环境。

北欧风格

布艺

• 北欧风格布艺搭配重点

布艺织物是北欧家居的装饰主角，想要打造一个北欧风格的空间，需要精心地搭配窗帘、地毯、床品及抱枕等软装布艺，并通过巧妙的色彩及材质的选择，让空间更具美感。北欧风格的布艺织物在材料的选择上偏向于自然感较强的元素，在色彩搭配上也应以简约清新为主。在设计窗帘时，如果觉得使用纯色会过于单调，但又不喜繁杂的设计，那么可以尝试一下拼色窗帘，无论是上下拼色还是左右拼色，都能带来眼前一亮的装饰效果。

DE 设计

DE 设计

一亩绿设计

Susanna Vento 设计
青域设计
杨满云设计
Vento 设计

马非空间设计

• 北欧风格床品设计

简约不仅是一种自然美，更是北欧风格家居的装饰态度。为了呼应这种美，可以为卧室空间搭配偏自然的面料，让大自然的鬼斧神工参与到设计中。比如，可以利用棉麻带来的肌理感与未经雕琢的原木结合，让床品作为空间的视觉中心。简单素朴的床品使整个空间显得整齐清爽，如能适当地加以印花的点缀，则能起到增添空间活力的作用。粗中有细的设计就是北欧风格家居空间的精髓所在。

上上国际设计

鹏宇设计

HEY 设计

kraskopulk 设计

花漾设计

壹方设计

晓安设计

晓安设计

• 北欧风格窗帘设计

清新明亮是北欧风格的空间特点，因此窗帘的搭配一般不会使用过于繁复的图案，简单的线条和色块才是北欧风最直接的写照。白色系、灰色系的窗帘是百搭款，简单又清新，只要搭配得宜就能带来很好的装饰效果。若窗帘的颜色能与墙面、床、地面等房间内占较大比例的颜色相接近，还可以增加整体空间的融合效果。

kraskopulk 设计

DE 设计

百仕合设计

陌上设计

• 单色地毯的运用

单色地毯能为北欧风格的卧室空间带来纯朴、安宁的感觉。例如纯灰色的织物地毯能很好地融入黑白灰色调的北欧家居环境中，并为空间提供一个朴实柔和的界面。此外，对于北欧风格来说，浅色地毯也是一个不错的选择，不仅可与白色墙面在视觉上取得协调，而且还能与黑灰系的家具构成视觉对比，同时，干净清爽的色调更有利于烘托出地毯表面暖洋洋的材料质感。

北鸥设计

马非空间设计

逅屋一舍

逅屋一舍

北鸥设计

菲拉设计

• 北欧布艺图案设计

在布艺设计中融入装饰图案是现代家居设计的发展方向。在北欧风格的布艺设计中，传统图腾、花卉图案、条纹等都较为常用，也可常见动物元素，如充满北欧民族风情的麋鹿图案、鸟类图案等。由于几何图案简约时尚又理性，完全吻合于北欧风格的家居设计理念，因此在北欧风格的家居布艺织物上，搭配以活泼个性的几何图案，能完美地起到点亮空间的作用。

其间设计

钟萌设计

拉菲设计

法式风格

布艺

• 法式风格布艺搭配重点

法式居家氛围的营造，布艺搭配的作用功不可没，在搭配时，不仅要注重质感和颜色是否协调，同时也要跟墙面色彩及家具合理搭配。传统法式空间中，采用金色、银色描边或一些浓重色调的布艺，色彩对比强烈，而法式新古典的布艺花色则要淡雅和柔美许多。法式田园风格布艺崇尚自然，把一些花鸟蔓藤等元素融入其中，常饰以甜美的小碎花图案，以纤巧、细致、浮夸的曲线和不对称的装饰为特点。

郭崴设计

矩阵纵横

张一舟设计

品川设计

香樹御澄

印象空间

Kim.Studio

香樹御澄

香樹御澄

• 法式风格窗帘设计

法式风格窗帘的材质有多种选择，例如镶嵌金丝、银丝、水钻、珠光的华丽织锦、绣面、丝缎、薄纱、天然棉麻等，颜色和图案也应偏向于跟家具一样的华丽、尊贵，多选用金色或酒红色这两种沉稳的颜色用于面料配色，显示出家居的豪华感。有时会运用一些卡奇色、褐色等做搭配，再配上带有珠子的花边搭配增强窗帘的华丽感。另外，装饰性很强的窗幔及精致的流苏可以起到画龙点睛的作用。

陈伟文设计
SKH 设计

中合深美

郭崴设计

• 法式风格地毯设计

在法式传统风格的空间中，法国的萨伏内里地毯和奥比松地毯一直都是首选；而法式田园风格的地毯最好选择色彩相对淡雅的图案，采用棉、羊毛或者现代化纤编织。植物花卉纹是地毯纹样中较为常见的一种，能给大空间带来丰富饱满的效果，在法式风格中，常选用此类地毯以营造典雅华贵的空间氛围。

星翰设计

逸尚东方设计

星翰设计

张一舟设计

李华兴设计
楫格设计
矩阵纵横
尚层装饰设计

简约风格 布艺

• 简约风格布艺搭配重点

简约风格的空间要体现简洁、明快的特点，所以在家居布艺上可选择纯棉、麻等肌理丰富的材质。在色调选择上多选用纯色，不宜选择花纹较多的图案，以免破坏整体简约的感觉，简单的纯色最能彰显简约的生活态度。以床品为例，用百搭的米色布艺作为床品的主色调，辅以或深或浅的灰色作为点缀，能够为卧室空间营造出恬静简约的氛围。在材料上，全棉、白织提花面料都是非常好的选择。

筑鹿设计

时洛设计

Z 轴空间设计

黄全设计

欧阳金桥设计

宏福樘设计

力设计

木君建筑设计

简约风格布艺

布鲁盟设计

• 简约风格窗帘搭配

简约风格的窗帘通常以素色布为衬底，加上装饰性的平行折窗幔或者线条简单的纹饰，犹如在平静的水面上荡起层层的涟漪，为家居空间带来了恬静而优美的气质。窗帘材质一般以涤棉、纯棉和棉麻混纺为主。纯色的地毯能为简约风格的空间带来一种素净淡雅的感觉。相对而言，卧室更适合铺设纯色的地毯，凌乱或热烈色彩的地毯容易使心情激动振奋，不仅会影响睡眠质量，也不符合简约风格简单专注的空间特点。

杜文彪设计

李娜设计

中熙设计

SCDA 设计

丹健国际

金秋设计
伊派设计
SCDA 设计
鸿文空间设计
意巢设计

• 搭配纱帘营造朦胧美

在简约风格家居中，窗帘的搭配多为素色，其中以白色的纱帘最为多见，而且一般会设计成落地的形式。清透的质感、简洁的白色，不仅不会阻碍家居的采光，而且还制造出了朦胧、淡雅的梦幻感。简洁浪漫的纱帘充分地体现出了简约风格于简素中追求风雅的特点。

冷元宝设计

沃屋设计

禄本设计

• 简约风格床品搭配

简约风格的床品以素净的色彩、少而精的配套及简洁的形式为特点。白加灰的无彩色搭配给人以简约雅致的感觉，辅以或深或浅的灰色作为点缀，能够为卧室空间营造出恬静简约的氛围。在材料上，全棉、白织提花等面料都是非常好的选择。

时冶设计

一然设计

伊派设计

詹皓设计

轻奢风格

布艺

• 轻奢风格窗帘搭配

轻奢风格的空间可以选择冷色调的窗帘来迎合其表达的高冷气质，色彩对比不宜强烈，多用类似色来表达低调的美感，然后再从质感上中和冷色带来的距离感。可以选择丝绒、丝棉等细腻、亮泽的面料，尤其是垂顺的面料更适合这一风格，具有非常好的亲和力。在造型及图案设计上应趋于简约的款式，再配合精致的面料，形成独特的轻奢魅力。

戴勇设计 GNU 金秋设计 柏舍励创

凡尘壹品设计 赛瑞迪普空间设计 印象空间

HDESIGN 设计
元禾大千
昊泽空间设计
GNU 金秋设计
上上国际

• 轻奢风格床品搭配

轻奢风格的床品常用低纯度高明度的色彩作为基础，比如暖灰、浅驼等颜色，靠枕、抱枕等搭配，不宜色彩对比过于强烈。在面料上，压绉、绗缝、白织提花面料都是非常好的选择，点缀性的配以皮草或丝绒等面料，不仅可以丰富床品的层次感，而且还能强调卧室空间整体的视觉效果。

东荷逸品空间设计
王五平设计
水设计
元禾大千
天鼓装饰设计
臻品空间设计

邓子设计

上上国际

[illegible]迪空间设计

凡尘壹品设计

• 轻奢风格地毯搭配

轻奢风格空间的地毯既可以选择简洁流畅的图案或线条，如波浪、圆形等抽象图形，也可以选择单色。各种样式的几何元素地毯可为轻奢空间增添极大的趣味性，但图案不宜过于复杂，更要注意与家具及地板之间的协调，比如沙发的面料图案繁复，那么地毯就应该选择素净的图案，若是沙发图案过于素净，那么地毯可以选择更丰富一些的图案。如果地板的颜色是深色，那么地毯的颜色就应该选择浅色，反之则选深色。这样才能更好地凸出空间的层次感。

诗享家设计

双宝设计

壹舍设计

新中式风格

布艺

• 新中式风格窗帘搭配

新中式风格的窗帘多为对称的设计，窗幔设计简洁而寓意深厚，比如按照回纹的图形结构来进行平铺幔的剪裁。在质感的选择上，多用细腻挺括的棉或棉麻面料来表达清雅的格调。纹样少用古典纹样，多用充满现代感的回纹、海浪纹等局部点缀，以突出民族文化特征。在窗帘的色彩上，需要根据整体空间的色彩方向进行定位，常用的色彩或是典雅谦和的中性色系，如用大地色系来表达雅致和内涵；或是黑白灰无彩色中融入少许流行色来突出当下的时尚感。

GNU 金秋设计

黄全设计

TT 设计

陈君／顾华设计

五平设计

尺度设计

张丽华设计

黄全设计

方黄设计

品辰设计

益善堂设计

• 新中式风格床品搭配

为了营造安静美好的睡眠环境，新中式风格的卧室墙面和家具的色彩都比较柔和，因此床品也应选择与之相同或者相近的色调。同时，统一的色调也可以让睡眠氛围更加柔和。为了渲染生机，选择带有轻浅图案的面料，能够打破色调单一的沉闷感。在材质上，如果选择与窗帘、沙发或抱枕等布艺相一致的面料作为床品，可以让卧室更有整体感，从而让睡眠环境更加稳定。

零次方设计

上上国际

GNU 金秋设计

零次方设计

零次方设计

• 新中式风格抱枕搭配

抱枕色彩和纹样的合理选择，可以有效地调节家居空间的色彩质感，并对氛围衬托起着重要的作用，所以抱枕是新中式风格家居不可或缺的软装元素之一。如果空间中的中式元素运用较多，抱枕最好选择简单、纯色的款式，通过正确把握色彩的挑选与搭配，突出新中式风格的韵味；当中式元素比较少时，则可以在抱枕上搭配如花鸟、窗格图案等富有中式韵味的装饰元素。

S.U .N 设计

上上国际

凡尘壹品设计

清大环艺设计

李益中设计
昊泽空间

上上国际

• 新中式客厅地毯搭配

在新中式风格的客厅空间中，放置一张图案精美、做工细腻的地毯，对于空间的地面具有很强的装饰作用。选择带有回纹、祥云等简洁中式元素图案的地毯，更能突显中式空间的含蓄之美。地毯上的颜色可以和主体家具的颜色相互呼应，以达到协调空间的作用。同时，其他的颜色和纹样则可以作为点缀和延伸，丰富空间的装饰细节，比单一的色彩组合更能营造出新中式风格空间的韵味。

SKH 室内设计

黄全设计

花艺
搭配设计

4

花艺作为软装配饰的一部分，仅在空间中扮演一个小小的角色，戏份虽少，却能点亮整个居住环境，还能为空间赋予勃勃生机。不管什么类型的花艺，在做造型设计时，花器是必不可少的。花器的摆放应讲究与周围环境的协调融合，其质感、色彩的变化对室内整体的环境起着重要的作用。单只花器常给人以极简利落的感觉，但体积较小的花器可能会被忽略，因此在合适的空间可以摆放体量不一的多个花器，但要注意高低的起伏与韵律的变化。

北欧风格

• 北欧风格花艺搭配

在北欧风格的居室当中，花器基本上以玻璃和陶瓷材质为主，偶尔会出现金属材质或者木质的花器。花器的基本造型呈几何形，如立方体、圆柱体、倒圆锥体或者不规则体等。真正适合北欧风格的花艺装饰应该是融入整个家庭环境中的，不浮夸不跳脱，追求与自然高度共存。北欧风格花器基本上以玻璃和陶瓷材质为主，偶尔会出现金属材质或者木质的花器。

百仕合设计

ULD[illegible]设计

菲拉设计

BE
A
GAME
CHANGER
漾设计
南舍空间设计
壹方设计
菲拉设计

文青设计

HEY设计

• 北欧家居中的绿植元素

绿植是北欧风格家居中不可或缺的点缀饰品之一，将其与空间中的白色形成搭配，可以让空间显得清新自然。绿色与白色的组合运用，丰富了空间的色彩层次，也不会显得杂乱。且绿色与北欧家居中的原木色也能形成协调搭配，如果说蓝白色的组合让人如同置身在天空和海洋中，那么绿白配以原木色则能营造出如同森林深处的静谧祥和。

清羽设计

其间设计

境象设计

御见设计

尼高设计

DE 设计

冷元宝设计

夏伟新设计

晓安设计

• 自然元素的运用

贴近自然是北欧风格家居装饰的一大特色，因此可以选择搭配一些手工艺编织的地毯和手工箩筐，以体现出北欧当地的特色与人文之美。在绿植搭配上，随意采摘几朵棉花、几支野草都可以成为北欧风格家居的插花艺术。此外，还可以采摘一些植物的叶片制成标本，再用镜框裱起来，然后挂在墙面上，这也是非常不错的装饰手法，不仅花费少，而且装饰效果极为突出。

本空设计

• 陶瓷花器的运用

北欧风格的陶瓷花器在材质上保留了原始的质感，以表达出北欧风格家居对传统手工艺品及天然材料的青睐。北欧风格适合搭配纯色的陶瓷花器作为空间的点缀装饰，虽然没有什么花纹图案，但在造型上柔和美观，简约并富有个性，能与北欧风的原木色家具形成很好的映衬。

北岩设计

南舍空间设计

南舍空间设计

杨满云设计

法式风格 花艺 2

• 法式风格花艺搭配重点

法式风格中，家具和布艺多以高贵典雅的淡色为主，花艺的选择上也要配合主题，多以清新浪漫的蓝色或者绿色调为主，给人浪漫精致的感官体验。在花器的搭配上，除了青铜花器，还有以水晶、玻璃、青瓷等为材质的花器。其中瓷质花器呈典型的非对称造型，经常以丘比特或牧羊人的形象作为花器基座，花器表面饰以色彩艳丽的彩绘。

清羽设计

张一舟设计

星翰设计

金螳螂设计

尚层装饰设计

• 花艺色彩搭配重点

每个花艺作品中的色彩不宜过多，一般以 1~3 种花色相配为宜。选用多色花材搭配时，一定要有主次之分，确定一个主色调，切忌各色平均使用。除特殊需要外，一般花色搭配不宜用对比强烈的颜色。例如红、黄、蓝三色相配在一起，虽然很鲜艳、明亮，但容易刺眼，应当穿插一些复色花材或绿叶缓冲。如果不同花色相邻，应互有穿插呼应，以免显得孤立和生硬。

无界设计

金螳螂设计

张一舟设计

中合深美
中合深美

简约风格

花艺 3

• 简约风格花艺搭配重点

在线条简单、素朴清新的简约风格空间里，需要一些装饰元素来丰富空间气氛，花饰的运用则十分恰当。需要注意的是，在简约风格的空间里，花饰的搭配不宜过多，而且在色彩上也不可过多，如能将花饰的颜色与空间中的其他装饰元素色彩形成呼应，能带来事半功倍的装饰效果。

SCDA 设计

沃屋设计

SCDA 设计

冷元宝设计

李玮珉设计

• 花器与花材的选择

布置简约流畅、色彩清新舒缓是简约风格家居设计的特点，在花器和花材的选择上也不例外。现代简约风格家居大多选择装饰柔美、雅致或苍劲有节奏感的花材。花器造型上以线条简单、呈几何图形为佳。精致美观的鲜花，搭配上极具创意的花器，使得简约风格空间内充满了时尚与自然的气息，在视觉上制造出了清新纯美的感觉。

力设计

冷元宝设计

伊派设计

木尚空间设计
自心设计
天沐设计
双宝设计

木君建筑设计

方磊设计

• 仿真花的运用

在简约风格中，仿真花的运用十分常见。仿真花不仅可以长久保持花材的色泽和质感，而且还具有可塑性强的特点，因此也给花艺造型设计带来了更多的创作空间，为栩栩如生的花艺作品提供了广阔的舞台。娇艳的仿真花活灵活现、热情洋溢，摆设在客厅、卧室都很温馨浪漫，为家居空间带来了永恒不败的美丽。

木君建筑设计

廖丽雪设计

SCDA 设计

珥本设计

双宝设计
2id 设计
目心设计
GNU 金秋设计
ULD 家居设计
雷文龙设计

轻奢风格

- 轻奢风格花艺搭配重点

轻奢风格花艺的造型与构图往往变化多端，追求自由、新颖和趣味性，突出别具一格的艺术美感。在花材的选择上限制较少，植物的花、根、茎、叶、果等都是轻奢空间花艺题材的选择。另外，花材的概念也从鲜切花材延伸到了干燥花和人造花，并且植物材料的处理方法也越来越丰富。

DESIGN HOTELS
YEAR BOOK09
尚舍一屋
印象空间
Trainspotting
Trainspotting
品悦公装
GNU 金秋设计
艺居软装

臻品空间设计

乐尚设计

张瑞华设计

青云居设计

• 轻奢风格花器搭配重点

由于轻奢风格的花艺作品具有自由、抽象的外形，与之配合的花器一般造型奇特，有时也会呈现出简单的几何感，以强调轻奢风格空间精致以及注重装饰品质的特点。花器的选材广泛，如金属、瓷器、玻璃、亚克力等材质都较为常见。

中合深美

YLH 地产设计

印象空间

中合深美

杜文彪设计

迅设计

春山秋水设计

印象空间

库玛设计

DESIGN 设计

布鲁盟设计

布鲁盟设计

中合深美

• 卧室空间花艺设计

卧室需要宁静的氛围，摆放的花艺应该让人感觉身心愉悦，花艺数量不宜过多，最好选择没有香味的花材。卧室花艺避免鲜艳的红色、橘色等让人兴奋的颜色。应当选择色调纯洁、质感温馨的浅色系花艺，与玻璃花瓶组合则清新浪漫，与陶瓷花瓶搭配则安静脱俗。也可以选择粉色和红色的花卉与百合花搭配，营造出一种典雅的氛围。

金华保集

元禾大千

ULD 家居设计

TT 设计

欧阳金桥设计

新中式风格

花艺

• 新中式风格花艺搭配重点

新中式风格花艺在造型上讲究与家居风格的结合，摆脱了传统符号化的堆砌，呈现出东方绘画中的韵律美，由于有现代设计风格的结合，因此也满足了现代人的审美需求。此外，在花艺设计上以尊重自然、融合自然为基础，花材一般选择枝杆修长、叶片飘逸、花小色淡的种类为主，如松、竹、梅、柳枝、牡丹、茶花、桂花、芭蕉、迎春等，创造富有中华文化意境的花艺空间环境。

大诺室内设计

上上国际

上上国际

INHOUSE 设计
王锦阳设计
千寻软装

臻品空间设计
戴勇设计
乐尚设计
恩万设计

何永明设计

昊泽空间设计

• 新中式风格花器设计

新中式风格在花器的选择上，以雅致、朴实、简单温润为原则，有助于烘托出整个空间的自然意境。花器多造型简洁，采用中式元素和现代工艺相结合。除了青花瓷、彩绘陶瓷花器之外，粗陶花器也是对新中式最好的诠释，粗粝中带着细致，以粗为名，实则回归本源。

平仄设计

零次方设计

零次方设计

S.U .N 设计

• 餐厅空间花艺设计

餐厅的花艺通常摆设在餐桌上，数量不宜过多，大小不要超过桌面的 1/3，也不易过高，以免挡住与人交流的视线，高度在 25~30cm 比较合适。如果空间很高，可采用细高型花器。一般水平型花艺适合长条形餐桌，圆球形花艺用于圆桌。餐厅花艺的选择要与整体风格和色调相一致，选择橘色、黄色的花艺会起到增加食欲的效果。若选择蔬菜、水果材料的创意花艺，既与环境相协调，还别具情趣。

钟良胜设计

派尚设计

则灵艺术

壹挚设计

六艺源设计

物上空间设计

创时空设计
上上国际
H DESIGN 设计
创时空设计
布鲁盟设计

DESIGN
卢志荣设计
恩万设计
大集意巢设计
国际设计

伊派设计

创域设计

戴昆设计

高文安设计

博思韦珥设计

刘卫军设计

INHOUSE 设计

摆件
搭配设计

5

在室内设计中，饰品摆件的搭配至关重要，再好的硬装设计及空间布局，如果少了饰品摆件的搭配，其整体的设计效果也大打折扣。不同的软装风格，所要展现的空间氛围也各不相同。应根据不同设计风格的特点对其进行搭配。随着室内装饰风格的多样化，饰品摆件的搭配也呈现出愈加丰富多元的趋势。除传统古典的装饰元素外，一些以新材质、新工艺制作而成的软装饰品也越来越多。因此也为室内空间的装饰设计带来了更多的可能性。

北欧风格

• 北欧风格餐厅软装搭配

餐厅软装设计的主要功能是为了烘托就餐环境的气氛。餐桌、餐边柜甚至墙面搁板上都适宜摆设饰品。对于北欧风格来说，陶瓷花器、玻璃花器、绿植盆栽及一些创意铁艺小酒架等都是不错的饰品搭配。餐厅中的软装摆件成组摆放时，可以考虑与空间中的局部硬装形成呼应，以递进式的设计手法，增强空间的视觉层次感。

ULD 家居设计

辰佑设计

Andrey Barinov 设计

优德室内设计

壹石设计

南舍空间设计

冷元宝设计

文青设计

• 北欧风格餐桌摆饰重点

北欧风格的餐桌摆饰对装饰材料及色彩的质感要求较高，总体设计应以简洁、实用为主。餐桌上的装饰物可选用陶瓷、金属、绿植等元素，且线条要简约流畅，以体现出北欧风格的空间特色。北欧风格餐具的材质包括玻璃、陶瓷等，造型上简洁并以单色为主，餐具的色彩一般不会超过三种，常见原木色或黑白色组合搭配。

ULD 家居设计

周晓成设计

DE 设计
DE 设计
DE 设计

• 木质装饰品的运用

木质元素在北欧风格的家居设计中占据着重要的地位，在装饰品的运用上也是如此，其空间里可常见各种木器摆件。在饰品木材的选用上一般以简约粗犷为主，不会精雕细刻或者涂刷油漆，呈现出原生态的美感，与北欧风格所遵循的装饰原则相得益彰。

冷元宝设计

ULD 家居设计

Susanna Vento 设计

原石设计

辰佑设计

库玛设计

• 玻璃饰品的运用

玻璃材质不仅通透轻盈，而且其艺术造型也非常丰富，因此非常适合运用在追求清新气质的北欧风格空间中。常见的玻璃材质元素有玻璃花瓶、杯盘、工艺品、玻璃烛台、玻璃酒杯等，摆放在家中任何一个需要点缀的地方，都能将北欧风格的家居空间点缀得清新宜人。由于玻璃的种类繁多，且在家居中的适用性广，因此使用玻璃饰品装点家居时，应根据整体空间的特点进行布置。

冷元宝设计

菲拉设计

辰佑设计

法式风格

• 法式风格摆件搭配重点

传统法式风格端庄典雅、高贵华丽，摆件通常选择精美繁复、高贵奢华的镀金镀银器或描有繁复花纹的描金瓷器，大多带有复古的宫廷尊贵感，以符合整个空间典雅富丽的格调。烛台与蜡烛的搭配也是法式家居中非常点睛的装饰，精致的烛台可以增添家居生活的情趣，利用它曼妙的造型和柔和的烛光，烘托出了法式风格雅致的品位。此外，法式风格中通常用组合型的金属烛台搭配丰富的花艺，并以精美的油画作为背景，营造高贵典雅的氛围。

香榭御澄

品川设计

中合深美

矩阵纵横

无界设计

• 雕刻艺术品的运用

精美绝伦的雕刻艺术是法式风格的重要组成部分。选用几件饱含欧洲历史风情的雕塑工艺品，或者制作一面浮雕艺术墙，都能给家居环境注入欧洲古老文化的灵魂。由于雕刻艺术品富有立体的美感，能为家居空间带来更为强烈的装饰层次感。

逸尚东方设计

清羽设计

榀格设计
纳沃佩思设计
王亚旭设计

王亚旭设计

• 天鹅陶艺品的运用

在欧式风格的家居中，天鹅陶艺品是经常出现的装饰品，不仅因为天鹅是欧洲人非常喜爱的动物，而且其优雅曼妙的体态，与新欧式的家居风格十分相配。陶瓷是人类文明史上最早出现的一种艺术形态，这种形态是所有艺术门类中最单纯和最简洁的，同时其所具有的神秘与抽象性是无法比拟的。

大森设计

大森设计

简约风格

• 简约风格摆件搭配重点

简约风格家居饰品数量不宜太多，摆件多采用金属、玻璃或者瓷器材质为主的现代风格工艺品。一些线条简单，设计独特甚至是极富创意和个性的摆件都可以成为简约风格空间中的一部分。简约风格中的饰品元素，最为突出的特点是简约、实用、空间利用率高。简约不等于简单，每件饰品都是经过思考沉淀和创新得出的，不是简单的堆砌摆放，而是设计的延展。

GNU 金秋设计

乐尚设计

意巢设计

冷元宝设计

钟行建室内设计

双宝设计

所向设计

景天花园花园洋房

• 金属饰品的运用

在视觉上营造更大的空间感，是小户型简约风格装修最为关键的问题。利用镜面、打通空间、使用浅色调等都是普遍的手法，还可以在空间里搭配一些金属饰品，利用金属的反光及质感装饰简约风格空间，不仅可以在视觉上达到扩张空间的效果，而且浓烈的金属感能完美地提升空间的品质。

缪茹空间设计

初度辰一

钟行建室内设计

欧阳金桥设计
会筑空间设计
观复营造
陌上设计
陌上设计

鸿文空间设计

BOSWELL 设计

臻品空间设计

壹舍设计

意巢设计

2id 设计

• 开放式书架的饰品搭配

由于有的简约风格户型功能区不足，会将书房设立在客厅中。可以将书房空间设置在沙发背后的位置，沙发则可以作为两个空间的隔断。此外还可以在书房区域设置一个开放式的大书架，在书架上摆上书籍和工艺饰品摆件，这样的设计不仅提升了空间利用率，同时让书架上的书籍和摆件也成为了客厅空间墙面装饰的一部分。

辰佑设计

辰佑设计

辰佑设计

SCDA 设计

轻奢风格

• 轻奢风格摆件搭配

工艺品摆件是轻奢风格室内空间中最具个性和灵活性的搭配元素。它不仅是空间中的一种摆设，还代表着居住者的品位，并且能够给室内环境增添美感。个性与原创是轻奢风格家居的装饰原则，因此在搭配摆件时，一方面需要注入对家居美学的巧思，另一方面要融入个人的风格设计，打造出独一无二的家居空间。

尚舍一屋

印象空间

乐尚设计

H DESIGN 设计
印象空间
零次方设计
魅无界设计
上上国际

壹舍设计　臻品空间设计

• 轻奢风格摆件类型

轻奢风格选择摆件的原则是少而精，表现出轻奢华丽的氛围，精美的金属摆件、水晶摆件都是不错的选择。其中金属工艺饰品风格和造型可以随意定制，以流畅的线条、完美的质感为主要特征；水晶摆件玲珑剔透、造型多姿，如果再配合灯光，会显得更加透明晶莹，大大增强室内空间的感染力。需要注意的是，在摆设时应注意构图原则，避免在视觉上形成不协调感觉。

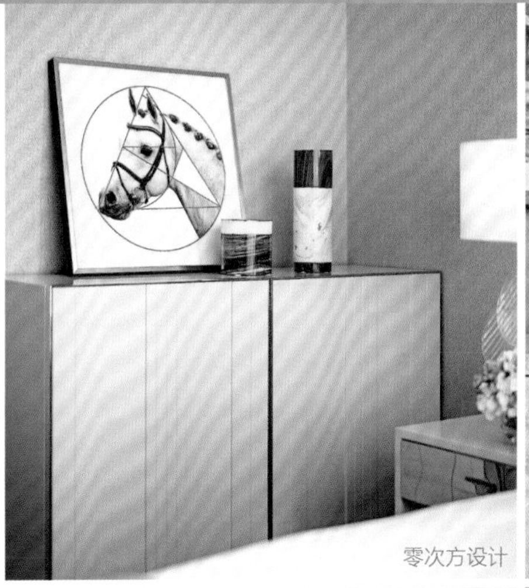

零次方设计

印象空间

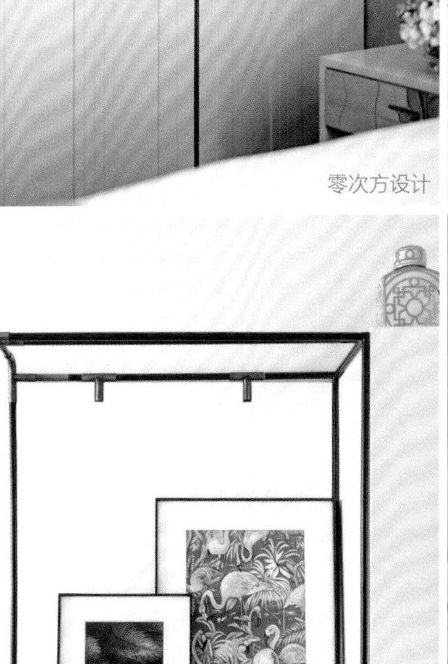

上上国际

• 独具个性的饰品搭配

轻奢风格追求的是不按惯性出牌的设计，而追求独特的个性是轻奢风格设计的推动力。软装饰品中其实并不需要太多的奢侈品，也不需要过度繁复的造型和花样，只需要用少数与众不同的、别具艺术特色的小物品来彰显生活品位与审美就已足够。

印尚设计

香榭蒂设计

易和极尚设计

臻品空间设计

魅无界设计

葛乔治设计

臻品空间设计

• 轻奢风格餐桌摆饰

餐桌摆饰是轻奢风格软装布置中一个重要的单项，它便于实施且富有变化。轻奢风格的餐桌摆饰主要以呈现精致轻奢的品质为主，往往呈现出强烈的视觉效果和简洁的形式美感。设计上摒弃了现代简约的呆板和单调，也没有古典风格中的烦琐和严肃，而是给人恬静、和谐有趣的氛围，或抽象或夸张的图案，线条流畅并富有设计感。餐桌的中心装饰可以是以黄铜材质制作的金属器皿或玻璃器皿。

观复营造

青云居设计

库玛设计

王五平设计

Imaginary Cities
千寻装饰
方黄设计
千寻装饰
TT 设计
创时空设计
大仓设计

新中式风格

• 新中式风格摆件搭配重点

新中式风格通常会采用传统的小家具和装饰品结合的方式。如用衣箱作为茶几、边几，用陶瓷鼓凳作为花架，用条案或斗柜作为玄关装饰等。另外，在桌上摆放中式插花，或者经典的中式元素如灯笼、鸟笼、扇子等，使用陶瓷、竹木等工艺手法，都是常见的新中式饰品摆设手法。除了传统的中式饰品，搭配现代风格或富有其他民族神韵的饰品，会使新中式空间增加文化对比，使人文气息显得更加丰富。但要切记装饰的元素不要过多，能够表达出中式的韵味即可。

方黄设计

艾迪尔设计

INHOUSE 设计

上上国际

博思韦珥设计

GNU 金秋设计

孙文设计

杜文彪设计

INHOUSE 设计

• 对称式布局设计

在新中式的家居空间中，对称的设计手法可以说是无处不在，如把软装配饰利用均衡对称的形式进行布置，可以营造出协调和谐的装饰效果，并且能与家居总体布局形成和谐统一。此外，新中式风格中的家具，通常也采用对称的方式陈列排布，并以双数为基本准则，通过匀称的设计手法制造出了沉稳的空间布局。

元禾大千

上上国际

创时空设计

• 青花瓷元素运用

青花瓷是我国的主流瓷器品种之一，经过宋元明清的沉淀发展，成了传统中式文化的一部分。新中式风格的软装设计中可采用纯洁的青与白为主色调，白底蓝花，蓝白相间，有明净、素雅之感，凸显出强烈的中国文化韵味。此外，青花瓷器装作为中式风格的主要元素，其装饰性不言而喻，因此在设计搭配时只需对其稍加运用，便可以赋予空间更多的内涵。

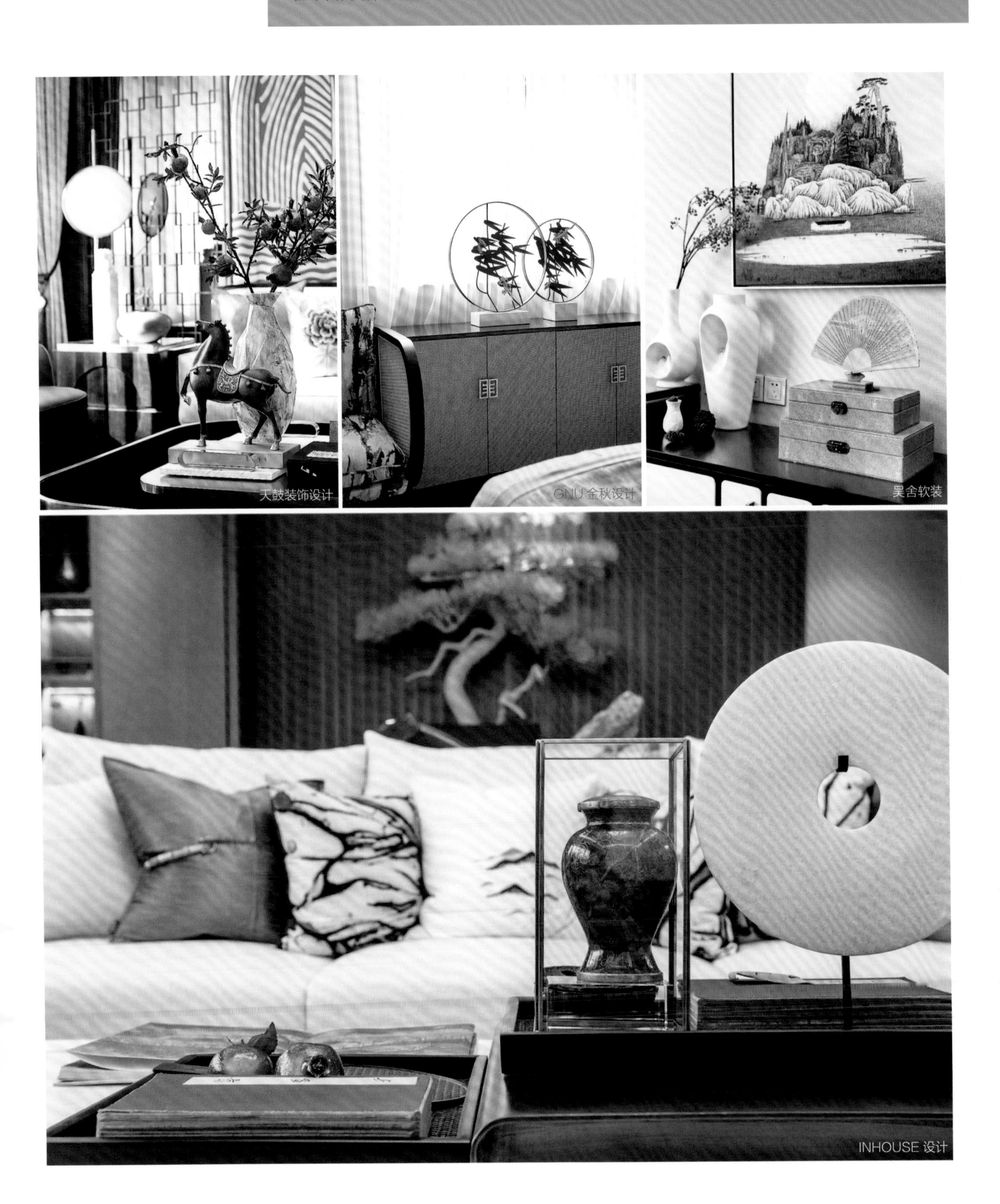

• 陶瓷摆件的运用

新中式风格的陶瓷工艺品摆件大多制作精美，即使是近现代的陶瓷工艺品也具有极高的艺术收藏价值。例如陶瓷鼓凳既可以替代单椅的功能，也具有很好的装饰作用；将军罐、陶瓷台灯及青花瓷摆件是中式风格软装中的重要组成部分；寓意吉祥的动物如貔貅、鸟及骏马等造型的陶瓷摆件是软装布置中的点睛之笔。摆设时注意构图原则，避免在视觉上形成一些不协调的感觉。

昊泽空间设计

上上国际

深圳昊泽空间

钟良胜设计

柏舍设计

上上国际

• 鸟笼摆件的运用

鸟笼摆件是新中式风格中不可或缺的装饰元素，能为室内空间营造出自然亲切的氛围。鸟笼的金属质感和光泽在呈现中式风格特色的同时，也为室内环境带来了现代时尚的气息。目前市面上的鸟笼类别大致可分为铜质和铁质，铜质的比较昂贵，而铁质的容易生锈，因此可以在制作过程中进行镀锌处理，能够有效避免生锈的问题。

创时空设计

• 盆景摆件的运用

盆景是中式风格家居常见的装饰摆件。中式盆景一般由建筑、山水、花木等共同组成的，讲究有诗情画意，其中的山石往往与水并置，所谓“叠山理水”，就是要构成“虽由人作，宛自天开”的情境。盆景的妙处就在于小中见大，能够在有限而封闭的家居空间里，营造出无限和广大的视觉和观感体验。

上上国际

创时空设计

零次方设计

矩阵纵横

布鲁盟设计

壁饰
搭配设计

6

壁饰是指利用实物及相关材料进行艺术加工和组合，以悬挂的方式作为室内空间的装饰元素。壁饰的种类很多，形式也非常丰富，应与被装饰的室内空间氛围相谐调。但这种谐调并不是将工艺品挂件的材料、色彩、样式简单的融合于空间之中，而是要求工艺品挂件在特定的室内环境中，既能与室内的整体装饰风格、文化氛围协调统一，又能与室内的其他物品，在材质、肌理、色彩、形态等某一个方面，显现出适度的对比以及距离感。

北欧风格

• 北欧空间软装搭配重点

在北欧风格的空间里，运用白色、原木色及简约的线条相互搭配，能为空间营造出简约自然的气息。此外，北欧风格的客厅墙面非常适合搭配大面积留白的装饰画，加以原木质感画框的使用，整体搭配和谐自然，并且给人的思绪留下了充足的想象空间。如需要提升客厅空间的自然气息，还可以选择搭配适量的小盆绿色植物。

新澄设计

新澄设计

精成空间设计

尼高设计

- 北欧风格装饰画搭配

北欧风格的家居装饰以简约著称，不仅有回归自然、崇尚原木的韵味，也有与时俱进的时尚艺术感。在装饰画的选择上也应符合这个原则，最常见的是搭配充满现代抽象感的画作，内容可以是字母、马头形状或者人像，再配以简而细的画框，完美地营造出了自然清新的家居氛围。需要注意的是，北欧风格的家居装饰注重整体空间的留白，因此装饰画的数量应少而精。

白金里居设计

拉菲设计

周留成设计

南舍空间设计

DE 设计

邢芒芒设计
DE 设计
kraskopulk 作品
晓安设计

• 北欧风格餐厅壁饰设计

北欧的手工艺品是非常精致的，并且常作为饰品点缀在餐厅空间的墙面上，以自然精致的造型营造出一种新奇的视觉体验。北欧风格的餐桌一般以原木材质为主，因此可以为其搭配一些其他材质的饰品摆件，不仅可以让餐桌的桌面装饰更加丰富，还给人一种充实丰盛的感觉。为北欧风格的餐厅空间搭配一盏玻璃材质的吊顶，不仅能满足用餐时的照明需求，还能让用餐环境显得更加通透明亮。

周留成设计
百仕合设计

文青设计
ELEGANCE IS
THE ONLY BEAUTY
THAT NEVER
FADES.
I LIKE TO
PRESENT
CREEN
LEAVES
晓安设计
I
LIKE
NICE
THINGS
菲拉设计
在地设计

百仕合设计

非木空间设计

- **北欧风格照片墙设计**

除了装饰画外，照片墙也是北欧风格家居常见的墙面装饰，其轻松、灵动的身姿可以为空间带来奇妙的律动感。北欧风格的照片墙、相框往往采用木质制作，因此能和质朴天然的风格特征形成统一。照片墙内容应以自然清新的题材为主，如动物、植物及自然风景等。

DE 设计

凡尘壹品设计

上上国际

菲拉设计

法式风格

• 法式风格墙面装饰特点

墙面是家居中占据视觉面积最大的部分，在法式风格中，墙面装饰主要由装饰线条和护墙板组成，有着厚重的历史感和优雅气质。而在现代法式风格中，则会使用壁纸代替护墙板的装饰，壁纸上常会饰以具有欧洲特色的装饰纹样，呈现出简约并富有质感的装饰效果。

微塔空间

诗享家设计

• 法式风格装饰画搭配

法式风格装饰画擅于采用油画的材质，以著名的历史人物为设计灵感，再加上精雕的金属外框，使得整幅装饰画兼具古典美与高贵感。当然，金属质地的油画应选择挂在色彩简单的背景墙上，才能够形成视觉焦点。除了经典人物画像的装饰画，法式风格空间也可以将装饰画采用花卉的形式表现出来，表现出极为灵动的生命气息。法式风格装饰画从款式上可以分为油画彩绘或是素描，两者都能展现出法式情调，素描的装饰画一般以单纯的白色为底色，而油画的色彩则需要浓郁一些。

朗昇空间设计
王亚旭设计
SKH 设计
椐格设计

• 法式风格挂毯搭配

法式风格的挂毯有着图案丰富多样，质感柔和舒适等多种特点，因此不仅具有完美的装饰效果，而且还可以作为工艺品用于收藏。将挂毯悬挂在家居空间中的墙面上，能呈现出精致高雅的装饰感。由于法式挂毯的图案和颜色较为丰富，因此在搭配家居软装配色时应对其形成呼应，以免在视觉上形成凌乱感。

牧杉室内设计

尚层装饰设计

郭崴设计

简约风格

• 简约风格照片墙设计

简约风格的墙面通常以浅色及单色为主，因此容易显得单调且缺乏生气，但也带来了很大的可装饰空间。以照片墙为例，大小不一的相框，搭配几张色彩简洁明快的照片，能立刻让墙面焕发出别样的光彩，使整个简约风格的家居空间在立体感、层次感及色调对比度上都明显得到提升。

GNU 金秋设计

蔓朵国际设计

漾设计

伊派设计

力设计

沃屋设计

• 简约风格装饰画搭配

在简约风格的空间里搭配以适量的装饰画，能在很大程度上提升家居环境的艺术气息。装饰画的内容选择范围比较灵活，抽象画、概念画及科幻题材、宇宙星系等题材都可以选择采用。装饰画的颜色应与空间的主体颜色相同或接近，一般多以黑、白、灰三色为主，如果选择带亮黄、橘红的装饰画则能起到点亮视觉、暖化空间的作用。此外，还可以选择搭配黑白灰系列线条流畅具有空间感的平面画。

PONE ARCHITECTURE 设计

双宝设计

杜文彪设计

• 立体墙饰的设计方案

现代简约风格的墙面设计，往往不同于传统墙面装饰的循规蹈矩，追求极尽的视觉效果，其墙面往往会选择现代感比较强的装饰，如造型时尚新颖的艺术品挂件、挂镜、灯饰等。立体的装饰品在不同的角度拥有不同的视觉效果，因此能让整个墙面鲜活起来，而且独特的立体感，在为空间增加灵动感的同时，也带来了扩大居室空间的视觉效果。

喜屋

天汇设计

沐荷设计

力设计

所向设计

理丝室内设计

轻奢风格

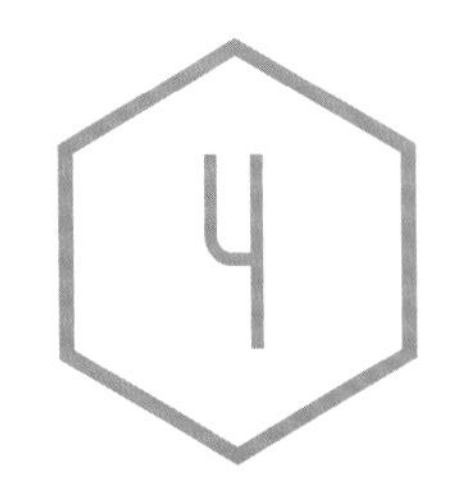

• 轻奢风格壁饰设计

为轻奢风格的室内空间搭配壁饰时，要把控好数量，以少而精为宜。可选择一些造型精致且富有创意壁饰，有助于提升轻奢空间墙面的装饰品质。此外，还可以运用灯光的光影效果，赋予壁饰时尚气息的意境美。需要注意的是，由于软装元素在风格上统一，才能保持整个空间的连贯性，因此将壁饰的形状、材质、颜色与同区域的饰品相呼应，能够营造出非常好的协调感，并让家居空间显得更加完整统一。

易和极尚设计

无极设计

• 轻奢风格装饰画搭配

轻奢空间于浮华中保持宁静，于细节中彰显贵气。抽象画的想象艺术能更好地融入这种矛盾美的空间里，既可以在墙上挂一幅装饰画，也可以把多幅装饰画拼接成大幅组合，制造强烈的视觉冲击。轻奢风的装饰画画框以细边的金属拉丝框为最佳选择，最好与同样材质的灯饰和摆件进行完美呼应，给人以精致奢华的视觉体验。

意境设计

乐尚设计

H DESIGN 设计

零次方设计

朴悦设计

创时空设计

太合南方设计

[illegible]室内设计

晓安设计

[illegible]川设计

- **装饰挂镜的运用**

为轻奢风格的墙面搭配镜面，不仅能让其发挥实用性的功能，而且能让镜面成为空间中的装饰亮点，为室内装饰增加灵动轻盈的氛围。还可以将挂镜进行简单的排列，传递出不同的效果。如把一些边角经过圆润化处理的小块镜面，通过组合拼贴在墙面上。其富于变化的造型能为室内空间带来更加丰富的装饰效果。

邓子设计

青云居设计

天鼓装饰设计
易和极尚设计
布鲁盟设计
易和极尚设计
方黄设计

冷元宝设计

邱玲玲设计

司马设计

易和极尚设计

- **金属挂件的运用**

金属是工业化社会的产物，同时也是体现轻奢风格特色最有力的手段之一。一些金色的金属壁饰搭配同色调的软装元素，可以营造出气质独特的轻奢氛围。需要注意的是，在使用的金属挂件来装饰墙面的时候，应添加适量的丝绒、皮草等软性饰品来调和金属的冷硬感。在烘托轻奢空间时尚气息的同时，还能起到平衡家居氛围的作用。

千寻装饰

潘旭强设计

新中式风格

- 新中式风格壁饰搭配要点

新中式风格的墙面挂件应注重整体色调的呼应、协调。在选择组合型墙面挂件时，应注意单品的大小与间隔比例，并注意平面的留白，大而不空的挂件装饰，能让中式风格的空间显得更有意境。新中式风格的墙面常搭配荷叶、金鱼、牡丹等具有吉祥寓意的挂件。此外，扇子是古时候文人墨客的一种身份象征，为其配上长长的流苏和玉佩，也是装饰中式墙面的极佳选择。

杜文彪设计

圣易文设计

S.U.N设计

朴悦设计
施少芬设计
伊派设计
INHOUSE 设计
黄全设计
鸣石设计

零次方设计

戴昆设计

杜文彪设计

杜文彪设计

大艺源设计

颐居装饰设计

乐尚设计

品辰设计

派尚设计

宁洁设计

• 新中式风格装饰画搭配

装饰挂画也是提升新中式风格气质的绝佳装饰品，绘画内容一般会采取大量的留白，渲染唯美诗意的意境。画作的选择与周围环境的搭配非常的关键，选择色彩淡雅，题材简约的装饰画，无论是单独欣赏还是搭配花艺等陈设都能美成清雅含蓄的散文诗。此外，花鸟图也是新中式风格常常用到的题材，不仅可以将中式的美感展现得淋漓尽致，而且整体空间也因其变得丰富的色彩，令新中式家居空间变得瑰丽唯美。

方黄设计

纳沃设计
创时空设计

微塔空间设计
尺度设计
创时空设计

- 陶瓷挂盘的运用

陶瓷挂盘是极富中式特色的手工艺品，不管将其挂在墙上还是摆在玄关台上，都是一道美丽的风景。寥寥几笔就带出浓浓中国风，简单大气又不失现代感。此外，也可以用青花瓷作为墙面装饰，如果再加以其他位置青花纹样的呼应，如青花花器或者布艺装饰点缀一二，其装饰效果更佳。

王五平设计

杜文彪设计